DE LA VIE

ET DES OUVRAGES

D'ANTOINE-AUGUSTIN

PARMENTIER,

Membre de l'Institut, premier Pharmacien des armées, Inspecteur-général du service de santé, Officier de la Légion-d'Honneur, etc.

PAR J.-J. VIREY.

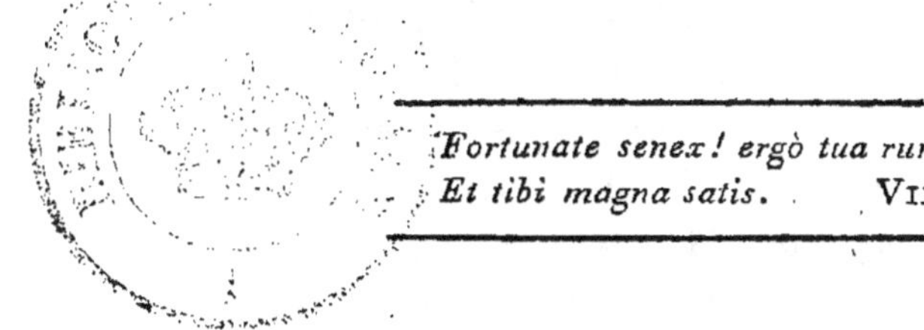

Fortunate senex! ergò tua rura manebunt!
Et tibi magna satis.   Virgil. Eglog. I.

A PARIS,

DE L'IMPRIMERIE DE D. COLAS,

Rue du Vieux-Colombier, N° 26, faub. St.-Germain.

JANVIER 1814.

DE LA VIE

ET DES OUVRAGES

D'ANTOINE-AUGUSTIN

PARMENTIER,

Membre de l'Institut, premier Pharmacien des armées, Inspecteur-général du service de santé, Officier de la Légion-d'Honneur, etc.

L ε s Rédacteurs du *Bulletin de pharmacie*, profondément affectés de la douleur que leur cause la perte de leur vénérable chef, ont voulu, d'un commun sentiment, offrir à sa mémoire ce témoignage public de leur reconnaissance et de leurs éternels regrets. M. PARMENTIER, au milieu d'eux, était un père environné de ses enfans ; il les comblait des plus tendres marques de son amitié et de sa bienveillance. Chargé de consacrer quelques pages à l'histoire de sa vie, je dois être ici l'interprète des pensées de tous mes confrères, et l'organe de l'opinion générale, en traçant cette esquisse des travaux d'un homme aussi recommandable aux yeux de ses contemporains qu'à ceux de la postérité.

Toutes les ressources de l'éloquence, tous les artifices du style étant depuis long-tems épuisés par la flatterie afin de perpétuer la mémoire des hommes ordinaires , il ne reste plus, pour honorer les personnages vraiment célèbres, que le simple récit de leur vie. Présentons au monde l'un de ces éclatans modèles des vertus et de la véritable gloire, de celle qui n'a pour but que le bonheur des hommes. Nous devons trop respecter la renommée de PARMENTIER pour la discréditer par ces adulations communes à toutes les pompes funéraires : que notre voix soit toujours sincère et désintéressée ! qu'elle soit empreinte du sentiment qui nous anime ! malheur à qui profère le mensonge sur la tombe de l'homme de bien !

A qui réservons-nous l'illustration et les honneurs si ce n'est aux bienfaiteurs du genre humain? L'antiquité reconnaissante éleva jadis des autels aux premiers cultivateurs qui retirèrent des forêts, le sauvage vivant de racines et de glands; ils furent les fondateurs de la société civile et des Empires ; et nous, hommes indifférens , nous verrions tranquillement périr l'un de ces mortels généreux qui consacrèrent leur existence à la félicité de leurs contemporains ! Et ses nombreux bienfaits qui , semblables à une manne céleste descendirent par ses soins dans la cabane du pauvre, dans les asiles de la souffrance ; et les monumens de sa philantropie qui ont enrichi son siècle fixeraient moins nos regards que les jeux frivoles de l'esprit ou les accens d'une muse légère ! Mais sa perte laisse sentir l'absence de son auguste ministère : le malheureux a gémi de douleur à ses funérailles ; et quelles louanges donnent les larmes du pauvre ! Voilà le témoignage le plus digne de retentir dans la postérité ; voilà peut-être le seul titre de la véritable grandeur sur la terre. Tant qu'il renaîtra des végétaux alimentaires chaque printems , ils rediront dans leurs fleurs et leurs fruits le nom de *Parmentier* aux âges à venir , comme les fleurs des prairies rappellent celui des anciennes divinités champêtres.

Cette douce et heureuse immortalité est due à cet homme

essentiellement bon , parce qu'il aima ses semblables. Ses vertus ennoblirent ses talens; en lui la science fut encore de la bonté , et s'il apprit beaucoup , ce fut pour devenir plus bienfaisant. Et moi, tiré si généreusement par lui du sein de l'obscurité, moi qui lui devais tant de reconnaissance , quels hommages ne me faut-il pas aujourd'hui rendre à sa mémoire illustre et révérée? Que ne puis-je, en l'honorant dans tous les tems, acquitter la dette la plus sacrée des cœurs! Mais ce que nous rendons à sa personne ne me fera point oublier que je dois le respect à la vérité, et un tableau fidèle de sa vie à notre siècle. On ne la connaîtrait qu'imparfaitement si nous ne considérions *Parmentier* que comme le promoteur des sciences pharmaceutiques, qui sut élever la dignité de son art à l'égal des autres parties de la médecine; il faut le voir encore tel qu'un nouveau *Columelle* ou *Olivier de Serres*, vivifiant par son zèle et par ses talens presque toutes les branches de l'agriculture et de l'économie domestique. Il faut le suivre dans les hôpitaux , dans toutes les entreprises d'utilité publique comme dans tous ses travaux pour la subsistance et le bonheur des hommes.

ANTOINE-AUGUSTIN PARMENTIER naquit le 17 août de l'an 1737, à Montdidier, ville de l'ancienne Picardie, maintenant du département de la Somme, et qui a produit beaucoup d'hommes distingués. Sa famille , honorable , n'avait cependant ni l'éclat de la fortune ni celui d'un rang élevé. Si le vrai mérite n'a pas besoin d'ancêtres, il lui faut déployer plus de vigueur pour s'agrandir par ses propres efforts. Nourri par sa mère, femme de beaucoup d'esprit et à qui la langue de *Ciceron* et de *Virgile* était familière, le jeune *Parmentier* reçut ensuite les leçons d'un ecclésiastique; mais si l'on considère que son instruction première n'avait pas reçu tout son complément dans les colléges, on ne doit pas être peu surpris de l'avoir vu appelé parmi les savans les plus recommandables de ce

(6)

siècle , s'asseoir dans le corps éclairé le plus illustre de la
France.

. Très-jeune encore , il commença son apprentissage
chez un Pharmacien de sa ville natale, et bientôt après ,
en 1755 , il fut appelé à Paris par M. *Simonnet*, son pa-
rent , qui y exerçait cette profession. Peu de maîtres ont
le droit de se glorifier de semblables disciples qui , pour
l'ordinaire, se forment d'eux-mêmes. Il nous reste peu
de vestiges de cette époque de la vie de *Parmentier* ,
quoiqu'il soit si instructif d'épier les premières démarches
d'un génie naissant , de signaler ses tentatives , ses erreurs ,
ses heureux succès. Né avec une ame vive et sensible, un
esprit pénétrant, infatigable au travail et qui ne se récréait
que par la variété de ses occupations ; ses uniques délas-
semens étaient l'entretien de quelques amis studieux qu'il
conserva toujours. On ne dit point qu'il ait consumé ses
plus belles années dans les plaisirs , malgré l'effervescence
de l'âge. Il était cependant aimable, galant même près
des femmes ; mais il retint toute sa vie, avec elles , ce ton
d'élégance et de politesse qui caractérise la noblesse des
sentimens et la simplicité des mœurs.

. Bientôt une circonstance favorable ouvrit une nouvelle
lice à cet esprit né pour de plus grands objets. La guerre
d'Hanovre ayant éclaté , *Parmentier* fut employé dans
l'armée française en qualité de Pharmacien en 1757. Beaucoup d'autres s'y fussent perdus. Cinq fois l'ennemi le
fit prisonnier de guerre, le dépouilla de tout, même de
ses habits ; mais il conserva toujours, dans le malheur et
les prisons , sa gaîté, son zèle à ses devoirs, son ardeur
à s'instruire. Etant logé à Francfort sur le Mein, chez le
savant *Meyer*, un de ces Pharmaciens habiles que l'on
trouve souvent dans l'Allemagne luthérienne, il s'en fit
aimer comme d'un père, à tel point que ce Chimiste lui
aurait accordé sa fille et l'aurait établi dans ce pays.
Mais *Parmentier* tenait trop à sa patrie ; s'il en était sorti

peu instruit en chimie, il apprit beaucoup de ce Pharmacien, et étudia pareillement la langue allemande. Là sans doute prit son premier essor cette tête active et pensante qui devait reculer si loin un jour les limites de l'art qu'elle apprenait. Ce sont les voyages, c'est la nouveauté des objets qui développent dans l'ame l'énergie innée de ses forces, mais ils ne disent rien aux intelligences vulgaires.

Un jeune homme, brillant de talens et d'activité, ne pouvait pas rester inconnu. Lorsque *Chamousset*, ce sage philanthrope, visita les hôpitaux de l'armée en qualité d'intendant-général des hôpitaux, il destitua plusieurs employés qu'il avait reconnus inhabiles, mais il sut distinguer, avec *Bayen*, alors premier apothicaire des camps et armées, le rare mérite de *Parmentier*, et le fit avancer en grade. *Parmentier* conserva toujours la plus tendre vénération pour les vertus et l'humanité de *Chamousset*, mais les liens de la plus vive amitié l'unirent à *Bayen*. Il avait trouvé une ame capable de connaître et de sentir la sienne; elles devinrent désormais inséparables. Le sévère *Bayen*, plus âgé, avait le caractère stoïque, inébranlable, une exactitude austère. Observateur patient, simple, dur pour lui-même, indifférent à la gloire, il ne se pardonnait rien; il savait tout sacrifier au devoir et à la vertu. *Parmentier* plus ardent et plus tendre, avait l'ame expansive, compâtissante, il savait excuser les fautes réparables de la jeunesse; s'il était sensible à la gloire, c'était à celle de la bienfaisance, car il ne croyait pas qu'il pût en exister aucune qui ne fût utile au genre humain (1). La douceur de ses mœurs, l'éclat de son esprit, l'aménité de sa conversation lui attiraient tous les cœurs; les qualités élevées,

---

(1) Il aurait pû prendre pour devise ce vers des fables de *Phèdre* :

Nisi utile est quod facimus, stulta est gloria.

incorruptibles de *Bayen*, la rigide fermeté de son ame, son profond savoir qu'il dérobait aux hommages du public, le faisaient respecter, même de ses supérieurs. Tous deux, devenus ensuite membres de l'Institut et du Conseil de santé des armées, ont élevé la profession de pharmacien au rang des arts les plus éclairés et les plus recommandables de la société. Quel homme, après eux, soutiendra de même la dignité de la pharmacie militaire?

La paix ramena *Parmentier* à Paris en 1763; il était déjà riche d'observations et plein du sentiment de ses forces. Il employa les premiers tems de son retour et les fruits de son économie à son instruction; alors fermentait en lui cet immense désir de se consacrer aux sciences; il suivait les cours de physique de l'abbé *Nollet*, ceux de chimie des frères *Rouelle*, dont il fut quelque tems le préparateur, et, avec *J.-J. Rousseau*, les herborisations de *Bernard de Jussieu*. Telle était l'ardeur de ses études qu'il se privait de vin et se retranchait même sur ses alimens pour acheter des livres, suivre des leçons et procurer des secours à sa mère. Cependant, ayant bientôt épuisé ses ressources, il se plaça en qualité de simple élève dans la pharmacie de M. *Loron*. Un tel sort ne promettait pas le bonheur, mais une place de pharmacien gagnant maîtrise étant devenue vacante aux Invalides, il se présente au concours, et son éclatante supériorité lui mérite la préférence sur tous ses rivaux (en 1765).

A peine entré dans ce nouveau poste, peu lucratif, mais suffisant à des besoins aussi modestes que les siens, son amabilité, son esprit vif, mais jamais satirique, le charme attaché à son naturel bon et aimant lui conquirent tous les cœurs. Il était sur-tout chéri des *sœurs* qui tenaient l'apothicairerie et servaient les soldats infirmes. Elles lui prodiguaient leurs soins, l'aidaient de ces dons obligeans, rendus plus charmans par la grâce dont leur sexe sait les accompagner. Il sut même gagner l'amitié de M. *Despagnac*, alors gouverneur de l'hôtel des Invalides, et des autres chefs de ce noble établissement. Après avoir achevé son tems, il fut reçu maître apothicaire, mais il ne voulut pas établir une officine, et préféra de se vouer au culte des sciences dans lesquelles il commençait à rendre son nom célèbre. Il reçut un logement à l'hôtel des Invalides, et bientôt après le brévet d'apothicaire major, en 1771. Mais les sœurs, en possession d'exercer la pharmacie depuis l'origine de l'établissement, et d'après les réglemens de *Louis XIV*, s'opposèrent vivement à cette nomination, refusèrent à *Parmentier* l'entrée même du laboratoire, et obtinrent enfin qu'on lui retirerait son brévet. Cependant le roi *Louis XVI* daigna lui conserver le traitement de 1200 liv. qui y était attaché, ainsi que le logement qui lui avait été donné.

C'est vers cette époque que commence la carrière savante de *Parmentier*. Il possédait éminemment le tact exquis du vrai, le profond sentiment du bon, avec cette persévérance infatigable qui, lui faisant envisager son sujet sous toutes ses faces, l'animait à sa poursuite. Sans se rebuter par les obstacles, son ardeur redoublait lorsqu'elle entrevoyait dans son but, une utilité essentielle. D'autres hommes, sans doute, ont pu connaître aussi bien que lui les substances alimentaires ; d'autres ont reculé plus loin les limites des sciences, ont fait de plus brillantes découvertes, mais leurs travaux, semblables à ces plantes rares et stériles, sont, avouons-le, plus propres à piquer une vaine curiosité qu'à concourir au bonheur de l'espèce humaine. Combien ceux de *Parmentier* sont autres ! Il n'en est pas un qui ne soit empreint du cachet du bien public. *Parmentier* aima mieux être meilleur que se faire admirer par plus de profondeur ou d'érudition, sans avantage réel. Il ne prit que l'essentiel du vrai savoir ; il avait sur-tout le talent de l'approprier aux objets du plus haut intérêt ; il le discernait merveilleusement et en faisait des applications aussi neuves que fécondes ; c'est qu'il était dirigé par un guide sûr, par l'instinct du bien. Un simple particulier qui, de ses propres efforts, parvient à écarter la disette d'une grande nation, ne résout-il pas un problême plus difficile et bien autrement important que celui des mathématiques les plus transcendantes? Quel homme sensé n'en fera pas la différence? Ceux qui connaissent l'obstination à la routine, les préjugés de l'ignorance populaire, la malignité même de l'envie dont il faut triompher, peuvent dire ce qu'il en coûte d'habileté, de zèle, d'activité et de talens pour réussir.

Dès 1771, l'Académie de Besançon ayant proposé un prix sur *la recherche des plantes alimentaires* dont on pourrait faire usage dans les tems de disette, *Parmentier* remporta la palme à ce concours, et son Mémoire, esquisse d'un travail plus complet qu'il publia dans la suite, parut en 1772. Vers cette époque, il se livrait à la traduction des *Recréations physiques, économiques et chimiques de Model,* savant pharmacien allemand, laquelle vit le jour en 1774. Il y joignit de nombreuses additions, principalement sur l'*ergot,* maladie du seigle. On a même lieu de penser que cet ouvrage le lança entièrement dans la carrière de l'économie domestique et rurale, puisqu'on le voit ensuite publier d'année en année une foule de recherches, d'observations, d'analyses sur les grains, les farines, les maladies du froment (1), s'adresser aux bonnes ménagères, perfectionner la meunerie, la boulangerie, établir la mouture économique qui accroît d'un sixième le produit des farines. Il travaille pareillement à la conservation des grains ; la nature dans ses rigueurs lui présentant l'occasion de déployer son zèle, il traite du chaulage et préserve le blé de plusieurs maladies, du *noir,* de la *carie,* de la *moucheture,* des insectes, etc.

____

(1) Voyez la *Bibliographie agronomique* (par *Musset-Pathay*), Paris, 1810, in-8°, p. 359 et suiv., chez *D. Colas.*

Il démontre les avantages du commerce des farines ; il ré-
fute *Linguet* qui supposait, avec son éloquence virulente
et ses paradoxes, que le gluten du froment était mortel et
très-dangereux, parce que pris seul, il avait causé des
indigestions à des animaux. Appelé, avec M. *Cadet de
Vaux*, par les états de Bretagne à perfectionner en cette
province l'art de fabriquer le pain, on frappe une médaille
d'or pour récompenser ses travaux. Les Etats de Languedoc
lui témoignent, par un don honorable, leur reconnaissance
pour ses observations sur les graines céréales du midi de
la France. Ces occupations ne remplissant pas la brûlante
activité de *Parmentier*, il reproduit la *Chimie hydraulique
de Lagaraye*, il publie son *Traité de la Châtaigne* en 1780,
ouvrage qualifié du titre d'excellent par les savans, et dans
lequel il recherche tous les emplois de ce fruit savoureux
sous les diverses formes nutritives dont il est susceptible,
excepté la panification. Il y reconnaît la présence du sucre,
proclamée depuis, en Italie, comme une découverte neuve.
Il offre ailleurs d'utiles remarques sur l'usage des champi-
gnons ; s'exerce, après *Bayen*, dans l'analyse des eaux
minérales, et considère sur-tout les eaux communes sous
le rapport de la salubrité pour la boisson et pour la fer-
mentation panaire. Avant que *Parmentier* eût tourné ses
vues sur la préparation de notre premier aliment, le pain
était fort inégalement fabriqué, même en divers lieux de
Paris ; il l'était sur-tout très-mal en Languedoc, malgré
l'excellence du blé de cette province. Depuis les instructions de cet illustre savant on a su faire un pain salutaire,
léger, et facile à digérer. Autorisé par le gouvernement,
Parmentier établit une école de boulangerie où il sut
exciter l'industrie des divers artisans qui préparent, soit
le pain, soit des pâtisseries plus ou moins délicates. Tous
ceux d'entr'eux qui lui durent leur réputation et leur fortune n'en parlent encore qu'avec vénération, et il est peut-
être le seul savant dont le nom soit descendu dans l'attelier

obscur de l'ouvrier, comme il s'élève avec honneur jusque dans les palais des rois.

Nous arrivons à l'une des plus glorieuses époques de la vie de cet homme aussi laborieux que modeste et bienfaisant, à celle de ses immenses travaux sur la pomme de terre. A peine cette racine était-elle cultivée en France il y a près d'un demi-siècle, à peine en nourrissait-on les animaux les plus vils; mais Parmentier l'examine, il y rencontre une fécule nutritive aussi saine qu'elle est abondante. En peu d'années il sait créer une prodigieuse subsistance qui place désormais sa patrie à l'abri des horreurs de la famine, et qui tire le malheureux des plus cruelles privations de l'indigence. Aujourd'hui cent millions de quintaux de cette racine alimentaire se multiplient chaque année dans des campagnes jadis stériles et sablonneuses, dans des jachères autrefois improductives; le dixième de la masse totale de la nourriture d'un vaste empire, ajouté à ses moyens, facilite l'accroissement de la population de quarante millions d'habitans; et cette entreprise est l'ouvrage d'un seul homme.

Il n'y parvint pas sans efforts. Comment oser offrir sur les tables les plus somptueuses de la capitale, au sein du luxe le plus raffiné, un ignoble aliment jeté dans l'étable même des pourceaux? Quelle révoltante proposition pour les grands ! quelle source de raillerie pour les mauvais plaisans ! Parmentier n'en est point découragé. Il représente modestement que la pomme de terre recèle une fécule pure d'une blancheur éblouissante, d'une saveur agréable, qu'on peut en former des mets délicieux de toute espèce , avec les assaisonnemens les plus exquis, le sucre, le lait (1) , etc. ; qu'elle se peut mêler à la farine et donner un pain délicat; qu'elle se multiplie avec une étonnante fécondité. Il en mange souvent lui-même ; sa table est

---

(1) Elle est la base du gâteau de Savoie , sorte de biscuit très-délicat.

ornée de vingt mets tous divers , préparés avec ce précieux végétal; il les fait, avec grâce, goûter à ses amis, aux plus indifférens : la pomme de terre se prête à tous les assaisonnemens ; elle donne même de l'eau-de-vie ; on est surpris; on commence à croire qu'elle est utile. Parmentier se présente chez les grands, chez les ministres ; les pommes de terre à la main : c'est la subsistance d'un grand peuple, c'est l'aliment du pauvre, c'est un soutien dans la misère. On l'écoute, il intéresse le patriotisme, éveille la pitié pour les malheureux. L'année 1785 survient, le blé manque, des calamités pèsent, s'étendent sur la France; il faut cultiver cette racine si dédaignée, il faut suivre les avis de Parmentier, il faut arracher des familles infortunées au fléau de la faim. Une vaste plaine, aride, inculte, s'étend près des portes de Paris, c'est celle des Sablons. Plantons-y la pomme de terre ; que Paris soit témoin de la facilité avec laquelle croît cette racine dans les plus mauvais terrains; qu'il sache combien elle devient savoureuse dans le sable même. Cinquante-quatre arpens, sans engrais, sont défrichés, plantés, entourés d'un fossé. Oui, dans ces grandes circonstances, comme le disait Parmentier, il était digne de Louis XVI d'imiter ces sages empereurs de la Chine, qui, tous les ans, ouvrent le sein de la terre avec la charrue et présentent aux nations étonnées l'auguste spectacle d'un prince qui met au rang de ses plus saints devoirs le soin de nourrir son peuple. Oui , un roi laboureur serait le plus grand, le plus vénérable des humains; tels furent ces illustres Romains, qui retournaient de la pompe des triomphes à leur métairie ; la terre même s'énorgueillissait d'être cultivée par leurs mains victorieuses, et les chants du cygne de Mantoue célébreront dans tous les siècles les nobles bienfaits de l'agriculture.

Parmentier connaissait les hommes et l'empire de l'exemple. Il fit engager Louis XVI à porter, un jour de cérémo-

nie, un bouquet de fleurs de pommes de terre à sa bou‑
tonnière. Aussitôt toute la cour raffole de cette plante ; des
seigneurs arrivent chez notre agronome, sollicitent avec
instance des pommes de terre, veulent en couvrir leurs
domaines ; un marquis lui envoie un grand char à quatre
chevaux, avec des sacs immenses ; il semblait devoir ré‑
pandre sur tout le globe ce présent du nouveau monde.
Parmentier fait alors le mystérieux, il ne délivre à ces
empressés qu'un petit sachet de ce précieux trésor avec
grande difficulté ; il n'en a plus, on lui en demande
de tous côtés ; il n'y peut pas suffire. Chacun plante
avec soin cette racine, comme un végétal nouvellement
arrivé d'Amérique ; on l'étudie, on l'examine. Cependant
celle des Sablons arrive à sa maturité. Parmentier obtient
du lieutenant de police que des gendarmes en feront la
garde pendant le jour seulement. C'était dans l'intention
d'en faire voler pendant la nuit ; le peuple n'y fit faute.
Chaque matin on venait dénoncer à Parmentier les atten‑
tats commis dans les ténèbres ; il en était enchanté, il ré‑
compensait libéralement les révélateurs de ces désastres,
tout stupéfaits d'une joie à laquelle ils ne comprenaient
rien. Mais l'opinion était vaincue, et la France s'enrichis‑
sait d'une ressource désormais impérissable (1).

Tant de travaux, qui auraient absorbé une vie ordi‑
naire, étaient l'aliment de celle de Parmentier ; il s'en dé‑
lassait par d'autres occupations. L'académie de Bordeaux,
connaissant le besoin d'appeler l'attention des agriculteurs
sur les usages du maïs dans le midi de la France, proposa
un prix sur ce sujet en 1784. Parmentier se présenta, et

---

(1) Lorsque l'infortuné *Lapérouse* partit pour son expédition autour
du monde, *Parmentier* fut chargé de faire sécher une grande quantité
de pommes-de-terre qui devaient servir à l'approvisionnement des deux
vaisseaux. M. le sénateur comte *François de Neufchâteau* a proposé de
nommer la pomme-de-terre, *solanée parmentière*, et ce nom a été
adopté par tous les zélés agriculteurs.

son mémoire, si riche en observations neuves alors, en procédés utiles, fut couronné. Dès ce tems, il avait vu que ce végétal contenait du sucre. Outre ses savantes *Recherches sur les végétaux nourrissans*, publiées en 1781, il avait aperçu l'avantage de l'emploi du maïs en fourrage, et de diverses racines potagères pour élever à peu de frais un grand nombre de bestiaux, principe de toute bonne agriculture. La patate, le topinambour, d'abord confinés dans les jardins de botanique, devinrent l'objet de ses soins, ainsi que la carotte, le navet, le panais, la betterave, maintenant cultivés en grand dans les exploitations rurales les plus florissantes de la France. Mais c'est sur-tout dans son *Economie Rurale et Domestique*, qui fait partie de la Bibliothèque des Dames, que *Parmentier* s'occupe, avec de charmans détails, des soins des oiseaux de basse-cour, qu'il trace les aimables portraits d'une bonne fermière et d'une laitière, en donnant les préparations du ménage qui concernent les femmes. La Société royale de Médecine proposant, en 1790, l'examen et l'*analyse chimique du lait*, MM. *Parmentier* et *Deyeux* remportèrent le prix; ils ont beaucoup étendu depuis leur premier ouvrage, et l'ont rendu classique sur cet important sujet. L'année suivante ils reçurent également en commun le prix sur l'*analyse du sang*, proposé par la même Société. Des mémoires sur les semailles, sur les engrais, l'analyse de la patate honorent encore ce tems; mais les funestes secousses de la révolution vinrent porter le trouble dans une existence consacrée toute entière à l'amour du bien public.

Le zèle de *Parmentier* est alors méconnu; la tourbe plébéienne, dans son inconstance, rejète son bienfaiteur, l'accuse d'*avoir fait des pommes de terre pour l'en nourrir* (1). Il perd sa place aux Invalides et ses anciens titres

---

(1) Nous ne devons cependant pas taire que le 7 juillet 1793, M. *Silvestre*, secrétaire de la Société d'agriculture et membre de

qu'il tenait du gouvernement renversé par l'anarchie. Il avait été nommé à la survivance de *Bayen*, et devait être appelé à la commission de santé des armées ; mais pour le soustraire à la haine du parti dominant, qui ne lui pardonnait ni sa renommée, ni son attachement au monarque infortuné dont il avait reçu des bienfaits, on obtint de l'envoyer rassembler à Marseille et dans le midi de la France les médicamens nécessaires pour les pharmacies militaires. Revenu dans des tems plus calmes, il oublie ses malheurs, s'occupe de l'amélioration des *salaisons des viandes* pour la marine à Honfleur, et du *biscuit de mer*, par ordre du gouvernement. Il enseigne même à préparer ce biscuit avec la pomme de terre. Entrant alors au conseil de santé avec *Bayen*, et lui succédant à sa mort, *Parmentier* se livre à de nombreux travaux administratifs ; il fait retirer quinze livres de son par quintal de la farine employée pour le pain des troupes. Cette réforme si salutaire, et qui tarit la source de tant d'abus, a donné depuis ce tems un pain plus substantiel et plus sain au soldat. *Parmentier* examine ensuite l'eau considérée comme boisson des troupes ; il concourt avec le comte de *Rumford* à l'établissement des soupes aux légumes ; ailleurs il propage des instructions pour purifier l'air des salles des hôpitaux. Envoyé par la Société d'agriculture de Paris, avec M. *Huzard*, en Angleterre, à la paix d'Amiens, pour renouveler les relations amicales d'instruction et de lumières avec celles de Londres, il reconnaît que l'usage général des clôtures est l'une des causes de l'état florissant de la -culture dans cette île fameuse. On le nomme président du conseil de salubrité de Paris, et son ardente sollicitude ne néglige aucune occasion de se signaler, en écartant de cette populeuse cité tout ce qui peut nuire à la santé de ses habitans. Enfin,

---

l'Institut, prononça au Lycée des arts une éloquente apologie des travaux de *Parmentier*, et lui fit décerner une couronne civique.

appelé au conseil général des hospices , il publie le *code pharmaceutique* qui règle leurs préparations médicamenteuses , et il améliore les vins médicinaux.

Indépendamment de ces ouvrages particuliers , on l'a vu coopérer au *Cours complet d'Agriculture* du savant et estimable abbé *Rozier* , à la *Bibliothèque physico-économique* , à la partie de l'économie domestique de la nouvelle Encyclopédie , aux principaux journaux qui traitent de cette branche des sciences , aux *Annales de Chimie* , etc.; mais sans nous arrêter , soit à la nouvelle édition d'*Olivier de Serres* , soit au *Dictionnaire d'histoire naturelle* et aux *Nouveaux Cours d'agriculture* , dans lesquels il a consigné tant d'observations , fixons un instant nos regards sur la principale occupation de ses dernières années.

Dès le commencement de ce siècle , *Parmentier* s'était engagé dans des recherches sur les vins et les divers produits de la vigne avec MM. *Chaptal* et *Dussieux*. Plusieurs fois il avait parlé des raisinés , du moût cuit et des conserves de raisin. M. *Proust* ayant retiré une sorte de sucre des raisins , *Parmentier* comprit aussitôt l'intérêt et l'immense avantage de cette ressource territoriale qui devait en partie nous affranchir du tribut payé aux colonies d'Amérique. Son zèle s'enflamme , il proclame en tous lieux l'excellence du sirop de raisin , plus sucrant sous cette forme qu'à l'état concret. Il renouvelle ses instructions ; il les propage sur-tout sous les beaux cieux du midi de notre France ; ses conseils, ses soins, son influence créent des établissemens pour la fabrication en grand de ces sirops ; il en introduit l'usage dans l'économie domestique sous les formes les plus variées et les plus agréables ; il intéresse le gouvernement à ces entreprises patriotiques : le dirai-je ? portant lui-même ce sirop, il en poursuit les grands, les ministres ; il s'avance jusqu'au pied du trône , ce sucre du pauvre à la main, et obtient d'un grand monarque la faveur de le faire approuver (1). Tantôt il décerne des récompenses, tantôt il offre la douce amorce de la renommée, en publiant le nom, la louange de tous ceux qui concourent à fabriquer, employer, propager ces doux produits de la vigne. Quoique septuagénaire, la vieillesse ne ralentit pas son ardeur, il semble revivre dans des travaux où il se complaît. Il communique son enthousiasme à tout ce qui l'environne; les journaux en retentissent par ses soins, la presse multiplie les détails des procédés de fabrication de ce sirop, et jusques dans ses derniers jours, dans les douloureuses angoisses de la mort, nous l'avons vu entretenir ses pensées de nouvelles applications de ce liquide sucrant aux usages de la vie. Combien n'a-t-il pas apporté de consolations à l'indigent infirme? Combien n'a-t-il pas diminué l'exportation du numéraire pour l'achat du sucre? Combien n'a-t-il pas créé de moyens de perfectionner les vins acerbes du nord de la France, par cette étonnante persévérance? Qu'une basse envie ne voye dans ces honorables travaux que la manie d'un vieillard ou les travers d'un homme d'esprit; de toutes les parties de la France, ou plutôt de l'Europe, de la chaumière du vigneron, de la ferme du laboureur, comme du sein des cités, j'entends s'élever cette grande voix de la vérité et de la reconnaissance, qui porte le nom de *Parmentier* à la postérité la plus reculée.

Que si nous parlions au nom de tous ceux qui exercent l'art pharmaceutique, de tous les pharmaciens des armées dont il fut, d'un commun accord, proclamé le *père*, si nous le considérions comme créateur du *Bulletin de Pharmacie*, comme propagateur de toutes les belles connaissances, quel concert d'admiration et de louanges ne l'élèverait pas à une brillante apothéose! Mais son ame modeste serait

---

(1) *Voyez* le Moniteur, en 1810, et les autres journaux de cette époque.

embarrassée de ces honneurs. Celui qui toute sa vie aima mieux être chéri qu'admiré , songea moins à sa gloire qu'à l'utilité publique. C'était l'unique but de ses écrits , c'est pour y parvenir qu'il reproduisait , sous mille formes attrayantes , les mêmes instructions , afin de les faire goûter de tous les esprits , afin de les inculquer dans les intelligences les plus bornées , afin de les populariser. Il n'eût pas craint de se ravaler au niveau du bas peuple , s'il l'eût cru nécessaire à ses vues de bien public. Il n'appartient qu'à des cœurs vraiment dévoués à l'humanité d'apprécier dignement le mérite d'un tel sacrifice.

Si, comme homme, il a quelquefois payé tribut à la faiblesse de notre nature (et les plus grands des humains n'en sont pas exempts), si la vivacité de son zèle lui suscita quelques obscurs détracteurs, aucun n'osa du moins attaquer la pureté de ses vues et l'excellence de son cœur. Sa tête vénérable ornée depuis long-tems de cheveux blancs , et qui retraçait quelqu'image de celle du bon *La Fontaine*, imposait le respect. Facile , communiquant , simple , affable à tous et sans faste , il avait une manière particulière de rendre service. D'abord il désespérait le solliciteur, témoignant par un chagrin amer sa crainte de ne pouvoir pas réussir, il ne voulait rien promettre ; on s'en allait désolé ; le bon *Parmentier* prenait aussitôt l'affaire à cœur, il obsédait les ministres, les grands, obtenait souvent , et plein de joie, mais grondant encore, il apportait lui-même le brévet, la décision favorable qu'on avait demandée. On se croyait très-reconnaissant envers lui ; point du tout, c'était lui-même qui s'attachait par ses bienfaits , et jamais personne plus que lui n'aima ceux qu'il avait obligés. Sa table, toujours ouverte, même aux étrangers , était encore une sorte de bureau de bienfaisance. Très-libéral, quoique peu riche, il donnait beaucoup. Par son testament, il a fondé un prix et laissé à ses amis des gages de son tendre souvenir (1) ; son caractère était sensible , quelquefois brusque ; mais personne ne lui a connu de fiel ; il a loué jusqu'à ses ennemis , et ce qui est particulier à lui seul , tous ceux qui concouraient au même but d'utilité générale. Il animait de son ardeur les sociétés d'agriculture, de pharmacie, il accueillait , il vivifiait tout. S'agissait-il de bien faire ? il prenait feu ; plus d'une fois on l'a vu s'enflammer d'indignation par pur zèle de générosité. Négligeant sa fortune , il parcourut divers cantons de la France pour y établir de bonnes méthodes de culture , pour y distribuer à ses frais des semences potagères, et pour y visiter les hôpitaux.

Parmentier ne fut jamais marié. Dans un âge avancé, sa sœur, femme de beaucoup de sens et d'esprit, demeurait avec lui. Il laisse deux neveux estimables et d'autres parens qui déplorent sa perte. Agé de 76 ans et cinq mois , il est mort le 17 décembre 1813, à la suite de la même affection chronique des poumons, qui avait déjà enlevé sa sœur. Sa taille était élevée, son teint vif et coloré, sa complexion sanguine et nerveuse ; il n'avait guères été malade dans sa vie que de l'asthme (2).

Ses derniers regards ont désiré le bonheur de sa patrie et de ses nombreux amis, des pleurs véritables ont arrosé son cercueil. Si du sein de l'éternité, cette ame vénérée prend encore de l'intérêt à ce qu'elle aima sur la terre,

---

(1) Voici la copie littérale de l'article dans lequel il fait un legs aux membres composant la société de ce Journal. « Je donne aux Rédacteurs du *Bulletin de Pharmacie*, qui concourent si directement et si essentiellement aux progrès et à l'honneur de leur utile profession, un ouvrage, à leur choix, de médecine, chimie et histoire naturelle, pourvu toutefois qu'il n'excède pas huit volumes. »

(2) Ouvert à sa mort , on a trouvé tous ses organes sains excepté les poumons dont le lobe droit, partout adhérent à la plèvre, était presque complètement désorganisé ; le lobe gauche, moins endommagé, n'adhérait que par sa portion supérieure.

qu'elle entende les tristes regrets de ses amis !..... Nobles
bienfaiteurs de l'humanité ! hommes généreux de tous les
siècles et de toutes les contrées ! venez rendre les honneurs
funèbres à l'un de vos semblables ; que sa tombe soit cou-
ronnée de fleurs immortelles ! que les infortunés retrouvent
sur elle l'espérance d'une meilleure destinée ! Lorsque
dans les âges à venir, le voyageur recherchera sur les rives
de la Seine les ruines d'une cité magnifique et populeuse ,
qu'il s'arrête à ce champ de mort (1) avec un respect reli-
gieux ; qu'il lise avec attendrissement ces simples mots sur
une pierre tumulaire : CI-GÎT PARMENTIER , IL AIMA ET IL
ÉCLAIRA LES HOMMES ; MORTELS , BÉNISSEZ SA MÉMOIRE. (2)

---

(1) Le cimetière du Père Lachaise.

(2) Une lettre des Pharmaciens de la Grande Armée , adressée à
M. *Boudet* oncle, par M. *Gérard* l'un des Pharmaciens principaux ,
annonce l'intention dans laquelle ils sont tous d'ériger à leurs frais un
monument en marbre sur la tombe de M. *Parmentier ,* pour donner à sa
mémoire , à sa famille , à ses collègues et à ses amis une preuve de
dévouement et de reconnaissance pour sa personne. Tous témoignent
les plus touchans regrets de sa perte. Cette proposition honorable sera
sans doute accueillie par tous les Pharmaciens civils et militaires de la
France , avec un vif enthousiasme.